# BARÈME

## pour le cas de "TROIS PLACÉS" à l'unité de 10 francs

indépendant du prélèvement fixé par le Ministère.

### Manière de procéder pour trouver les Rapports des chevaux placés.

$M \times r$ — 1° Multiplier le nombre total des mises sur "placés" de l'enceinte par le rapport existant entre la somme à répartir et la recette. (Dans le cas du prélèvement fixé à 7 $1/2$ %, ce rapport est égal à $\frac{92,5}{100}$ ou 0,925 ; dans le cas du prélèvement fixé à 8 %, ce rapport est égal à 0,92) ;

$(M \times r) - m$ — 2° Du produit ainsi obtenu, retrancher le nombre total des mises prises sur les trois chevaux arrivés placés ;

$\frac{(M \times r) - m}{n_x}$ — 3° Diviser le reste de cette soustraction successivement par les nombres de mises correspondant à chacun des trois chevaux arrivés placés :

4° Chercher dans le présent barème la place qu'occuperait dans la colonne rouge chacun des quotients ainsi obtenus ; en regard de l'intervalle, dans la colonne noire, se trouve exprimée en francs la valeur du rapport du cheval correspondant, c'est-à-dire la somme à payer par mise sur ce cheval.

## Exemple du cas ordinaire.

Données de la 1re course du 24 mai 1903 à Chantilly (prélèvement de 7 ½ % ; **r** = 0,925) :

**M**, total général des mises sur « placés » . . . . . . . . . . . . . = 7164 :

Arrivée : cheval 8 premier placé ; cheval 5, 2me placé et cheval 14 3me placé.

| | | | |
|---|---|---|---|
| $n_8$, | total des mises sur le cheval 8 placé . . . . . . . . . . . . . . . | 638 | |
| $n_5$, | — — 5 — . . . . . . . . . . . . . . . | 1816 | **m** = 2985 |
| $n_{14}$, | — — 14 — . . . . . . . . . . . . . . . | 531 | |

La répartition a donné : 29 fr. » pour le cheval 8 placé ; 16 fr. 50 pour le cheval 5 placé, et 33 fr. pour le cheval 14 placé.

*Faisons le calcul par la méthode du Barème :*

1re opération : 7164 × 0,925 = 6626,70 ;

2e — 6626,70 — 2985 — 3641,70 ;

3e — 3641,70 : 638 = **5,707** ;
3641,70 : 1816 = **2,005** ;
3641,70 : 531 = **6,858** :

4e — Cherchons dans les colonnes rouges du présent barème les places qu'occuperaient les différents quotients trouvés :

**5,707** est compris entre **5,625** et **5,775** et correspond à 29 fr. » pour le cheval 8 ;
**2,005** — — **1,875** et **2,025** et — 16 fr. 50 — 5 ;
**6,858** — — **6,825** et **6.975** et — 33 fr. » — 14.

Résultats identiques à ceux fournis par le calcul ordinaire.

# Exemple de Dead-Heat.

Données de la 3me course du 24 mai 1903 à Chantilly (prélèvement de 7 1/2 0/0 ; **r** = 0,925) :

**M**, total général des mises sur « placés ». . . . . . . . . . . = 12286 ;

Arrivée : 1er placé, cheval 6 ; 2me placé, cheval 4 ; 3me placé, dead-heat entre les chevaux 16 et 1 :

| | | | |
|---|---|---|---|
| $n_6$, total des mises sur le cheval 6 placé . . . . . . . . . . . . . . | = 1632 | } | **m** = 6593 |
| $n_4$, — — 4 — . . . . . . . . . . . . . . | = 2950 | | |
| $n_{16}$, — — 16 — . . . . . . . . . . . . . . | = 859 | | |
| $n_1$, — — 1 — . . . . . . . . . . . . . . | = 1152 | | |

La répartition a donné :

19 fr. 50 pour le cheval 6 ;
15 fr. 50 — 4 ;
19 fr. 50 — 16 ;
17 fr. » — 1.

*Faisons les calculs par la méthode du Barème .*

1re opération : 12286 × 0,925 = 11364,55 ;

2e — 11364,55 — 6593 = 4771,55 ;

3e —

$$\begin{cases} 4771,55 : 1632 = \ldots\ldots\ldots \mathbf{2,923} ; \\ 4771,55 : 2950 = \ldots\ldots\ldots \mathbf{1,617} ; \\ \left(\frac{4771,55}{2} \text{ ou } 2385,775\right) : 859 = \mathbf{2.777} ; \\ \left(\frac{4771.55}{2} \text{ ou } 2385,775\right) : 1152 = \mathbf{2,070} ; \end{cases}$$

| | Cherchons dans les colonnes rouges du présent barème : | | | | | | |
|---|---|---|---|---|---|---|---|
| 4e opération : | 2,923 est compris entre | 2,775 et 2,925 | et donne | 19f50 | pour le cheval | 6 | placé ; |
| | 1.617 — | 1,575 et 1.725 | — | 15,50 | — | 4 | — |
| | 2,777 — | 2,775 et 2,925 | — | 19,50 | — | 16 | — |
| | 2.070 — | 2,025 et 2.175 | — | 17 » | — | 1 | — |

Résultats identiques à ceux fournis par le calcul ordinaire.

---

*Nota.* — Dans le cas d'un *Dead-Heat à 3 têtes* pour la 3me place, on comprendrait dans **m** les mises prises sur le 3me cheval en dead-heat et on devrait diviser par 3 le nouveau reste trouvé comme on a divisé par 2 le reste 4771,55 du cas précédent, avant de chercher les quotients correspondant aux 3 chevaux en dead-heat.

---

# 10 Frs TROIS Placés

| | FR. C. | | FR. C. | | FR. C. | | FR. C. |
|---|---|---|---|---|---|---|---|
| | 10 » | | 20 » | | 30 » | | 40 » |
| **0**,075 | 10.50 | **3**,075 | 20.50 | **6**,075 | 30.50 | **9**,075 | 40.50 |
| 225 | 11 » | 225 | 21 » | 225 | 31 » | 225 | 41 » |
| 375 | 11.50 | 375 | 21.50 | 375 | 31.50 | 375 | 41.50 |
| 525 | 12 » | 525 | 22 » | 525 | 32 » | 525 | 42 » |
| 675 | 12.50 | 675 | 22.50 | 675 | 32.50 | 675 | 42.50 |
| 825 | 13 » | 825 | 23 » | 825 | 33 » | 825 | 43 » |
| 975 | 13.50 | 975 | 23.50 | 975 | 33.50 | 975 | 43.50 |
| **1**,125 | 14 » | **4**,125 | 24 » | **7**,125 | 34 » | **10**,125 | 44 » |
| 275 | 14.50 | 275 | 24.50 | 275 | 34.50 | 275 | 44.50 |
| 425 | 15 » | 425 | 25 » | 425 | 35 » | 425 | 45 » |
| 575 | 15.50 | 575 | 25.50 | 575 | 35.50 | 575 | 45.50 |
| 725 | 16 » | 725 | 26 » | 725 | 36 » | 725 | 46 » |
| 875 | 16.50 | 875 | 26.50 | 875 | 36.50 | 875 | 46.50 |
| **2**,025 | 17 » | **5**,025 | 27 » | **8**,025 | 37 » | **11**,025 | 47 » |
| 175 | 17.50 | 175 | 27.50 | 175 | 37.50 | 175 | 47.50 |
| 325 | 18 » | 325 | 28 » | 325 | 38 » | 325 | 48 » |
| 475 | 18.50 | 475 | 28.50 | 475 | 38.50 | 475 | 48.50 |
| 625 | 19 » | 625 | 29 » | 625 | 39 » | 625 | 49 » |
| 775 | 19.50 | 775 | 29.50 | 775 | 39.50 | 775 | 49.50 |
| 925 | 20 » | 925 | 30 » | 925 | 40 » | 925 | 50 » |

# 10 Frs TROIS Placés

| | FR. C. | | FR. C. | | FR. C. | | FR. C. |
|---|---|---|---|---|---|---|---|
| | 50 » | | 60 » | | 70 » | | 80 » |
| **12,075** | 50.50 | **15,075** | 60.50 | **18,075** | 70.50 | **21,075** | 80.50 |
| 225 | 51 » | 225 | 61 » | 225 | 71 » | 225 | 81 » |
| 375 | 51.50 | 375 | 61.50 | 375 | 71.50 | 375 | 81.50 |
| 525 | 52 » | 525 | 62 » | 525 | 72 » | 525 | 82 » |
| 675 | 52.50 | 675 | 62.50 | 675 | 72.50 | 675 | 82.50 |
| 825 | 53 » | 825 | 63 » | 825 | 73 » | 825 | 83 » |
| 975 | 53.50 | 975 | 63.50 | 975 | 73.50 | 975 | 83.50 |
| **13,125** | 54 » | **16,125** | 64 » | **19,125** | 74 » | **22,125** | 84 » |
| 275 | 54.50 | 275 | 64.50 | 275 | 74.50 | 275 | 84.50 |
| 425 | 55 » | 425 | 65 » | 425 | 75 » | 425 | 85 » |
| 575 | 55.50 | 575 | 65.50 | 575 | 75.50 | 575 | 85.50 |
| 725 | 56 » | 725 | 66 » | 725 | 76 » | 725 | 86 » |
| 875 | 56.50 | 875 | 66.50 | 875 | 76.50 | 875 | 86.50 |
| **14,025** | 57 . | **17,025** | 67 » | **20,025** | 77 » | **23,025** | 87 » |
| 175 | 57.50 | 175 | 67.50 | 175 | 77.50 | 175 | 87.50 |
| 325 | 58 » | 325 | 68 » | 325 | 78 » | 325 | 88 » |
| 475 | 58.50 | 475 | 68.50 | 475 | 78.50 | 475 | 88.50 |
| 625 | 59 » | 625 | 69 » | 625 | 79 » | 625 | 89 » |
| 775 | 59.50 | 775 | 69.50 | 775 | 79.50 | 775 | 89.50 |
| 925 | 60 » | 925 | 70 » | 925 | 80 » | 925 | 90 » |

# 10 F$^{RS}$ TROIS Placés

| | Fr. c. | | Fr. c. | | Fr. c. | | Fr. c. |
|---|---|---|---|---|---|---|---|
| | 90 » | | 100 » | | 110 » | | 120 » |
| 24,075 | 90.50 | 27,075 | 100.50 | 30,075 | 110.50 | 33,075 | 120.50 |
| 225 | 91 » | 225 | 101 » | 225 | 111 » | 225 | 121 » |
| 375 | 91.50 | 375 | 101.50 | 375 | 111.50 | 375 | 121.50 |
| 525 | 92 » | 525 | 102 » | 525 | 112 » | 525 | 122 » |
| 675 | 92.50 | 675 | 102.50 | 675 | 112.50 | 675 | 122.50 |
| 825 | 93 » | 825 | 103 » | 825 | 113 » | 825 | 123 » |
| 975 | 93.50 | 975 | 103.50 | 975 | 113.50 | 975 | 123.50 |
| 25,125 | 94 » | 28,125 | 104 » | 31,125 | 114 » | 34,125 | 124 » |
| 275 | 94.50 | 275 | 104.50 | 275 | 114.50 | 275 | 124.50 |
| 425 | 95 » | 425 | 105 » | 425 | 115 » | 425 | 125 » |
| 575 | 95.50 | 575 | 105.50 | 575 | 115.50 | 575 | 125.50 |
| 725 | 96 » | 725 | 106 » | 725 | 116 » | 725 | 126 » |
| 875 | 96.50 | 875 | 106.50 | 875 | 116.50 | 875 | 126.50 |
| 26,025 | 97 » | 29,025 | 107 » | 32,025 | 117 » | 35,025 | 127 » |
| 175 | 97.50 | 175 | 107.50 | 175 | 117.50 | 175 | 127.50 |
| 325 | 98 » | 325 | 108 » | 325 | 118 » | 325 | 128 » |
| 475 | 98.50 | 475 | 108.50 | 475 | 118.50 | 475 | 128.50 |
| 625 | 99 » | 625 | 109 » | 625 | 119 » | 625 | 129 » |
| 775 | 99.50 | 775 | 109.50 | 775 | 119.50 | 775 | 129.50 |
| 925 | 100 » | 925 | 110 » | 925 | 120 » | 925 | 130 » |

# 10 F$^{cs}$ TROIS Placés

| | FR. C. | | FR. C. | | FR. C. | | FR. C. |
|---|---|---|---|---|---|---|---|
| **36**,075 | 130 » | **39**,075 | 140 » | **42**,075 | 150 » | **45**,075 | 160 » |
| 225 | 130.50 | 225 | 140.50 | 225 | 150.50 | 225 | 160.50 |
| 375 | 131 » | 375 | 141 » | 375 | 151 » | 375 | 161 » |
| 525 | 131.50 | 525 | 141.50 | 525 | 151.50 | 525 | 161.50 |
| 675 | 132 » | 675 | 142 » | 675 | 152 » | 675 | 162 » |
| 825 | 132.50 | 825 | 142.50 | 825 | 152.50 | 825 | 162.50 |
| 975 | 133 » | 975 | 143 » | 975 | 153 » | 975 | 163 » |
| **37**,125 | 133.50 | **40**,125 | 143.50 | **43**,125 | 153.50 | **46**,125 | 163.50 |
| 275 | 134 » | 275 | 144 » | 275 | 154 » | 275 | 164 » |
| 425 | 134.50 | 425 | 144.50 | 425 | 154.50 | 425 | 164.50 |
| 575 | 135 » | 575 | 145 » | 575 | 155 » | 575 | 165 » |
| 725 | 135.50 | 725 | 145.50 | 725 | 155.50 | 725 | 165.50 |
| 875 | 136 » | 875 | 146 » | 875 | 156 » | 875 | 166 » |
| **38**,025 | 136.50 | **41**,025 | 146.50 | **44**,025 | 156.50 | **47**,025 | 166.50 |
| 175 | 137 » | 175 | 147 » | 175 | 157 » | 175 | 167 » |
| 325 | 137.50 | 325 | 147.50 | 325 | 157.50 | 325 | 167.50 |
| 475 | 138 » | 475 | 148 » | 475 | 158 » | 475 | 168 » |
| 625 | 138.50 | 625 | 148.50 | 625 | 158.50 | 625 | 168.50 |
| 775 | 139 » | 775 | 149 » | 775 | 159 » | 775 | 169 » |
| 925 | 139.50 | 925 | 149.50 | 925 | 159.50 | 925 | 169.50 |
| | 140 » | | 150 » | | 160 » | | 170 » |

# 10 F^rs TROIS Placés

| | FR. C. | | FR. C. | | FR. C. | | FR. C. |
|---|---|---|---|---|---|---|---|
| | 170 » | | 180 » | | 190 » | | 200 » |
| **48,075** | 170.50 | **51,075** | 180.50 | **54,075** | 190.50 | **57,075** | 200.50 |
| 225 | 171 » | 225 | 181 » | 225 | 191 » | 225 | 201 » |
| 375 | 171.50 | 375 | 181.50 | 375 | 191.50 | 375 | 201.50 |
| 525 | 172 » | 525 | 182 » | 525 | 192 » | 525 | 202 » |
| 675 | 172.50 | 675 | 182.50 | 675 | 192.50 | 675 | 202.50 |
| 825 | 173 » | 825 | 183 » | 825 | 193 » | 825 | 203 » |
| 975 | 173.50 | 975 | 183.50 | 975 | 193.50 | 975 | 203.50 |
| **49.125** | 174 » | **52,125** | 184 » | **55,125** | 194 » | **58,125** | 204 » |
| 275 | 174.50 | 275 | 184.50 | 275 | 194.50 | 275 | 204.50 |
| 425 | 175 » | 425 | 185 » | 425 | 195 » | 425 | 205 » |
| 575 | 175.50 | 575 | 185.50 | 575 | 195.50 | 575 | 205.50 |
| 725 | 176 » | 725 | 186 » | 725 | 196 » | 725 | 206 » |
| 875 | 176.50 | 875 | 186.50 | 875 | 196.50 | 875 | 206.50 |
| **50,025** | 177 » | **53,025** | 187 » | **56,025** | 197 » | **59,025** | 207 » |
| 175 | 177.50 | 175 | 187.50 | 175 | 197.50 | 175 | 207.50 |
| 325 | 178 » | 325 | 188 » | 325 | 198 » | 325 | 208 » |
| 475 | 178.50 | 475 | 188.50 | 475 | 198.50 | 475 | 208.50 |
| 625 | 179 » | 625 | 189 » | 625 | 199 » | 625 | 209 » |
| 775 | 179.50 | 775 | 189.50 | 775 | 199.50 | 775 | 209.50 |
| 925 | 180 » | 925 | 190 » | 925 | 200 » | 925 | 210 » |

## 10 Frs TROIS Placés.

| | FR. C. |
|---|---|
| | 210 » |
| 60,075 | |
| | 210.50 |
| 225 | |
| | 211 » |
| 375 | |
| | 211.50 |
| 525 | |
| | 212 » |
| 675 | |
| | 212.50 |
| 825 | |
| | 213 » |
| 975 | |
| | 213.50 |
| 61,125 | |
| | 214 » |
| 275 | |
| | 214.50 |
| 425 | |
| | 215 » |
| 575 | |
| | 215.50 |
| 725 | |
| | 216 » |
| 875 | |
| | 216.50 |
| 62,025 | |
| | 217 » |
| 175 | |
| | 217.50 |
| 325 | |
| | 218 » |
| 475 | |
| | 218.50 |
| 625 | |
| | 219 » |
| 775 | |
| | 219.50 |
| 925 | |
| | 220 » |

# Moyen de trouver le Résultat

**lorsque le quotient à chercher**

dans le Barème "10fr Trois Placés" est supérieur à 62,925

## RÈGLE :

On divise par la constante **0,30** la différence entre le nombre considéré et **62,925** ; en négligeant dans le quotient de cette division la fraction de 50 centièmes, on obtient en francs la somme à ajouter à **220** francs pour avoir le résultat cherché.

## Exemple :

Soit **141,548** le quotient auquel ont donné lieu les calculs effectués de la formule $\frac{(M \times r) - m.}{n_x}$

1re opération : **141,548** — **62,925** = 78,623 :

2e — 78,623 : **0,30** = 262,07 soit 262 en négligeant la fraction de 50 centièmes ;

3e — **220** francs + 262 francs = 482 francs.

Le rapport cherché est 482 francs.

*Nota.* — Dans le cas de 262 *exactement et sans reste*, on compterait 261 fr. 50.

Dans le cas de 262,50 *exactement et sans reste*, on compterait 262 francs.

30 août 29

Imprimerie G. RICHARD, 7, Rue Cadet, Paris.

www.ingramcontent.com/pod-product-compliance
Lightning Source LLC
Chambersburg PA
CBHW070812220326
41520CB00054B/6633